LE

LANGAGE DES FLEURS

LE SELAM

LE
LANGAGE DES FLEURS

ILLUSTRÉ

PAR

FRANÇOIS FERTIAULT

PARIS

RUE DU FAUBOURG-MONTMARTRE, 10

« La fleur est la fille du matin, le charme du printemps, la source des parfums, la grâce des vierges, l'amour des poëtes. Elle passe vite comme l'homme, mais elle rend doucement ses feuilles à la terre. On conserve l'essence de ses odeurs ; ce sont ses pensées qui lui survivent. Chez les anciens, elle couronnait la coupe du banquet et les cheveux blancs du sage ; les premiers chrétiens en couvraient les martyrs et l'autel des Catacombes. Aujourd'hui, et en mémoire de ces antiques jours, nous la mettons dans nos temples. *Dans le monde nous attribuons nos affections à ses couleurs ; l'espérance à sa verdure, l'innocence à sa blancheur, la pudeur à ses teintes de roses.* Il y a des nations entières où elle est l'interprète des sentiments ; livre charmant qui ne cause ni troubles ni guerres, et qui ne garde que l'histoire fugitive des révolutions du cœur. »

CHATEAUBRIAND.

CALENDRIER

BOTANIQUE.

JANVIER.

Dans ce mois, la terre, encore emprisonnée par le froid, n'a pas, en fait de fleurs, des productions bien nombreuses. Elle est pauvre, et c'est à peine si l'horticulteur a quelques noms à citer au milieu de cet engourdissement général. Cependant, vers le milieu du mois, la séve se manifeste par une première évolution dans les bourgeons, et une ou deux fleurs précoces, semblant envoyées par la nature en avant-coureurs de la végétation, paraissent comme pour donner le signal ; ce sont :

JANVIER.

—

L'ellébore d'hiver,
la perce-neige (rose de Noël).

PREMIÈRE FLORAISON

de la hyacinthe,
du narcisse,
de la violette, etc.

FÉVRIER.

Les richesses de la terre ne sont pas longtemps enfouies. Nous voici à un commencement de végétation : quelques plantes et quelques arbustes voient déjà poindre leurs premiers bourgeons, d'autres leurs premières feuilles. Les derniers jours de ce mois sont l'époque que les horticulteurs appellent volontiers le *printemps naturel*. C'est comme les prémices du printemps véritable que le mois prochain va nous amener. A côté des plantes et des fleurs qui bourgeonnent, il en est déjà plusieurs qui fleurissent; on voit :

FÉVRIER.

—

L'abricotier,

l'amandier,

l'aune,

le bois—gentil,

le camélia,

les crocus,

le noisetier,

le saule-Marsault.

PREMIÈRE VÉGÉTATION

du chèvrefeuille,

du rosier-Bengale.

MARS.

—

Le froid commence à s'émousser ; le soleil a des rayons d'une douce chaleur, la terre se réveille aux premières haleines du printemps. La séve se remue et monte ; elle se répartit avec activité dans tous les arbres à bois blanc ; mais partout, à une dose plus ou moins forte, cette répartition se fait sentir. Aussi le nombre des plantes et des fleurs augmente-t-il dans ce mois d'une manière considérable. Voyez combien se hâtent de venir saluer ce réveil de la nature :

MARS.

L'anémone hépathique,
le cornouiller,
l'érable napolitain,
la giroflée jaune,
la hyacinthe,
l'if,
la jusquiame,
le magnolia,
le narcisse,
le pêcher,
la pervenche,
la primevère,
la renoncule ficaire,
la soldanelle,
la tourette printanière,
la tulipe duc de Thol....
la violette.

AVRIL.

La séve circule et se répand de toutes parts ; aussi de toutes parts la terre continue-t-elle à faire sortir de son sein ses productions et ses richesses pour l'homme. Les arbrisseaux commencent à se revêtir de leurs feuilles ; on sort des orangeries les plantes qui ont eu besoin de s'y abriter l'hiver, désireuses qu'elles sont de l'air et du soleil. On voit poindre la vigueur du printemps partout, dans la feuille et dans le brin d'herbe, dans le bourgeon qui éclate, dans la fleur qui suit le bourgeon... Énumérez plutôt :

AVRIL.

L'anémone des bois,
l'auricule,
le cerisier,
le frêne,
la fritillaire,
l'impériale,
l'iris,
le marronnier d'Inde,
le merisier,
l'orobe printanier,
l'ortie blanche,
la pâquerette,
le paulownia imperialis,
le pissenlit,
le poirier,
le prunier,
le sabot de Vénus (serre),
la sylvie.

MAI.

Mois poétique, mois des fleurs, fraîche époque de régénération pour la nature, Mai nous offre une infinité de couleurs et des parfums sans nombre. La terre a fini son grand travail de préparation ; la chaleur du soleil commence à être dans sa puissance. Les plantes désertent, pour lui, même les serres tempérées. Les herborisateurs se préparent et préludent à leurs douces et pittoresques excursions, sur les montagnes qui s'émaillent et dans les forêts, dont les arbres sont complétement revêtus de feuilles. Comptez :

MAI.

L'arbre de Judée,
l'aubépine,
la boule de neige,
la bryone,
le chèvrefeuille,
la corbeille d'or,
le cytise des Alpes,
l'épine-vinette,
le fraisier,
la jonquille,
le lilas,
le muguet,
la tulipe,
le narcisse des p ëles,
la pivoine,
le pommier,
les roses,
la spirée.

JUIN.

Voici le mois de l'été, de l'été qui arrive avec ses vifs rayons et ses pénétrantes ardeurs. La terre échauffée continue à nous faire ses dons; c'est toujours le même nombre et aussi la même variété de richesses. C'est le moment de la formation du grain dans les fromentacées; c'est l'époque où les premières graines et les premiers fruits atteignent à leur maturité. Les plantes à qui les serres chaudes étaient nécessaires les quittent pour s'étaler complaisamment aux caresses du foyer de la nature. Dans ce mois fleurissent :

JUIN.

L'alkekenge (ou coqueret),
le bluet,
le châtaignier,
le coquelicot,
le cresson de fontaine,
les digitales,
l'églantier,
le jasmin,
l'œillet des fleuristes,
l'oranger,
le pied d'alouette,
la prunelle,
le robinier visqueux,
les sauges,
le sureau,
le tilleul,
la vigne.

JUILLET.

—

Dans ce mois de complète chaleur, la séve commence à ralentir sa marche; les plantes sont arrivées à ce point qu'on appelle leur *âge viril*. Les fruits abondent de tous côtés, au milieu de ces rayons, de ces haleines caniculaires que l'homme est obligé de tempérer par de copieux arrosements. C'est encore une richesse abondante et variée comme dans les mois précédents; l'œil charmé ne sait encore auquel donner la préférence dans le parterre attrayant que la nature déroule devant lui. Voyez :

JUILLET.

L'althæa,
l'amaryllis lys-Saint-Jacques,
l'aunée,
le catalpa,
la centaurée (petite),
la co,
les épilobes,
les glaïeuls,
les hobélies,
les inules,
la laitue,
les œillets,
l'olivier,
le pavier à épis,
le pourpier rouge,
les roses trémières (ou passe-roses),
la salicaire,
le saphora japonica,
la tanaisie.

AOUT.

Ce mois, qui est celui où commence l'année horticole, voit finir les chaleurs ardentes de la canicule. La séve, dont on avait remarqué le ralentissement le mois dernier, reprend celui-ci un nouvel essor, essor si bien remarqué et précisé, que les horticulteurs lui ont donné le nom de *séve d'août*. La terre se trouve toujours bien des chaudes effluves qui lui arrivent, car c'est toujours en grand nombre que l'on peut compter ses splendides productions, parmi lesquelles on distingue :

AOUT.

l'amaryllis-belladone,
la balsamine des jardins,
la clématite,
l'éphémère,
l'eupatoire,
l'euphraise jaune,
la gratiole,
l'hibiscus des marais,
le houblon,
le jasmin de Virginie,
le laurier-thym,
le panicaut améthyste,
la parnassie,
la reine marguerite,
la scabieuse succise.

SEPTEMBRE.

—

Voici le mois où les fleurs annuelles d'automne atteignent à l'époque de leur beauté ;... mais bientôt le soleil ralentit ses ardeurs, et les plantes ne demandent plus des arrosements aussi fréquents pour les combattre. Dans cette tiède et douce saison des vendanges, la séve s'arrête ; les premiers brouillards apparaissent, et les feuilles, cette fraîche et gracieuse parure des arbres, commencent à perdre le séduisant éclat de leur verdure ; elles se tachètent de diverses teintes, elles jaunissent... que deviendront-elles un peu plus tard?... Ce mois nous offre :

SEPTEMBRE.

L'albuca,
l'amaryllis jaune,
l'aralie épineuse,
le bruse rameux,
la carmentine-pompon,
le cobœa,
le colchique d'automne,
le cyclamen,
les dahlias,
l'hélénie,
l'hélianthème vivace,
le lierre,
l'œillet d'Inde,
le safran,
les stevias.

OCTOBRE.

—

Les fruits sont dans toute leur maturité ; les graines sont récoltées ; on se prépare déjà aux heures gaies des longues veillées. Les premières piqûres du froid se font sentir ; les gelées blanches commencent à argenter la surface du sol. Les plantes sorties des serres y rentrent petit à petit. Le nombre des fleurs diminue ; tout fait voir à l'homme que la végétation est en décadence... Les feuilles des arbres, qui jaunissaient le mois dernier, sèchent et tombent, se donnant en tribut à la terre, à cette terre qui, l'année d'ensuite, rendra aux arbres leur robe renouvelée et brillante. On voit encore :

OCTOBRE.

—

L'aster à grandes feuilles,

l'aster miser,

le chrysanthème des Indes,

le coréopsis,

la rodriguezie lancéolée (serre),

le topinambour,

la tubéreuse.

NOVEMBRE.

—

Ce mois, comme décembre et janvier, est le sommeil de la végétation. Toute chaleur s'est retirée de la surface et gît concentrée dans le sein de la terre, où ne pénètre point le terrible effet des nuits brumeuses et glaciales, et où les germes et les racines séjournent pour attendre une plus douce saison. C'est déjà *l'hiver naturel* des horticulteurs. Quand la botanique veut faire un calendrier, il faudrait presque qu'elle en supprimât ce mois et les deux suivants. Cependant quelques jardins d'amateurs offrent encore :

NOVEMBRE.

—

L'eleagnus reflexa,
l'ellébore niger,
la ximénèse.

DÉCEMBRE.

—

Plus rien, presque plus rien dans la
nature! toujours deuil et tristesse, ari-
dité et dénûment!... O printemps! ô
beaux jours!... ô moisson! ô vendange!...
ô nuances et parfums des fleurs! ô variété des plantes! ô fraîche parure des
arbres, feuilles vertes que la brise faisait
frissonner... O vous tous, charmes des
belles saisons, qu'êtes-vous devenus!!!
Plus d'herbe à fouler, plus de verdure à
voir!... non, plus rien!... Une pauvre
fleur ou deux, pour nous prouver que
tout ce qui végète n'est pas mort :

DÉCEMBRE.

L'ellébore d'hiver,
le tussilage odorant,
la violette de Parme (serre).

DU LANGAGE DES FLEURS

I.

HISTORIQUE.

Voici bien un des langages les plus gracieux et les plus poétiques que la riche imagination de l'homme se soit plue à façonner. Enfant de la contrainte et surtout de la captivité, il n'en existerait pas moins sans ces causes que l'on s'accorde à lui reconnaître. Oui, assurément, l'homme libre et n'agissant que pour son seul plaisir ; l'homme n'ayant pas besoin d'avoir recours à des emblèmes et à des interprètes muets pour faire comprendre ses sentiments et son amour : l'homme ainsi placé, dis-je, n'en eût pas moins imaginé ce délicieux langage, cette représentation fraîche et ravissante de ses plus vives, de ses plus tendres, de ses plus intimes pensées. Quel est celui de nous qui, s'arrêtant devant un parterre, n'a vu dans la rose la douce image de la beauté? quel est l'amant heureux que la vue du myrthe n'a fait agréablement tressaillir? quel est le jeune homme triste ou au désespoir qui n'ait entrevu ses chagrins dans le souci, ou dans le cyprès une image plus sombre encore? Nous sommes tous organisés de manière à chercher partout des analogies dans la nature, et parmi les objets que la nature nout offre, il y en a peu qui soient, autans que les fleurs, susceptibles de plaire au plus grand nombre, de le captiver, de le séduire. Parfums suaves, formes charmantes, couleurs délicieuses, elles réunissent tout pour être aimées et recherchées, pour être choyées comme un des joyaux les plus attrayants de la création, un des plus beaux ornements de notre terre. Il n'est donc pas étonnant, loin de là, rien n'est plus naturel au contraire, que de voir ces fraîches créatures, toutes douées de physionomies et d'allures si variées, choisies par l'homme pour devenir l'emblème de ses douces passions et de ses divers sentiments.

Si l'on voulait, en effet, remonter l'échelle des ans, il n'est pas douteux que l'on trouverait à cet ingénieux langage une ancienne en même temps qu'une bien naturelle origine. Il a dû commencer avec l'amour, et l'amour ne s'est fait pas longtemps attendre dans

notre monde. Aussitôt qu'un tendre
penser est venu s'épanouir dans l'âme

d'une jeune fille, avant qu'elle ait osé
se confier à celui qui la faisait ainsi

rêver, la jeune fille a dû prendre une
fleur pour confidente. Dans ce moment
de sa vie elle est encore aussi candide
que la fleur; la fleur est donc une
compagne qui peut la comprendre, et
voilà le tendre désir qui trouve son
emblème. Plus tard, que la jeune fille
ait hasardé son craintif aveu, et qu'une
fleur, tenue avec distraction entre ses
doigts, ait passé dans la main de celui
à qui elle vient de tout dire, voilà encore l'emblème d'un premier aveu d'a-
mour. Qu'ensuite quelque doute vienne
à traverser l'esprit de la jeune fille,
une autre fleur deviendra son oracle,
le l'interrogera pour savoir à quelle
point elle est aimée, et naturellement

la fleur interrogée acquerra une signification, un sens, et dira à l'esprit le doute, l'anxiété, la tendre inquiétude de la jeune fille. — Chaque fleur, chaque plante a dans ses allures et ses mœurs une ressemblance plus ou moins frappante avec les mœurs et les allures de l'homme; il ne fallait qu'un peu de complaisance d'imagination pour découvrir ou compléter les rapports les moins saillants, et d'instinct et sans la moindre cause qui forçât l'homme à le chercher, les fleurs se trouvèrent avoir, que dis je? se trouvèrent former un idiome!

Et un idiome d'autant plus beau qu'il est né sans efforts, que la nature seule s'est chargée de le poétiser, et qu'il est difficile d'être plus poétique qu'une grande et belle création de la simple nature. — J'ai insisté sur cette origine toute naturelle, parce qu'à mon sens elle est propre à faire ressortir l'agrément et, je ne crains pas de le redire, la beauté de ce langage. Mettre en action des êtres (frais et gracieux comme les fleurs) pour représenter des mots et des idées, me semble quelque chose de mieux que l'alignement des mots d'un dictionnaire; c'est quelque chose de bien plus grand et de bien plus majestueux; c'est faire de la nature elle-même un livre immense dont ses plus légères créatures sont les mots

vivants ; c'est, sans la moindre exagé-
ration, et en ne faisant que prendre
la chose dans une acception plus am-
ple, c'est disposer l'esprit à accueillir
la vaste image exprimée dans ces vers,
vers d'un poète modeste et à l'amitié
duquel je demande pardon pour cet
emprunt :

Oh ! c'est être savant que de pouvoir entendre
    Le langage sublime et tendre
    Que la nature parle à Dieu ;
De trouver un soupir dans l'herbe qui frissonne,
Une offrande d'amour dans l'arbre qui bourgeonne,
Et dans ce bruit du soir qui gravement bourdonne
    Le grand hymne de ce bas lieu.

Oui, c'est être savant que d'avoir sa pensée
            Qui sonde, incessamment poussée,
            L'espace et le sol à son tour ;
D'étendre son regard et de lire la terre,
Ce manuscrit vivant où l'œil se désaltère,
Dût-on, en méditant sur chaque caractère,
            N'en épeler qu'un mot par jour !

Mais, n'allons pas plus loin ! cette conséquence sérieuse dérivant d'une source seulement gracieuse et légère est une chose que j'ai voulu vous faire entrevoir ou effleurer, plutôt que de la poser devant vous et de la donner comme thème à vos réflexions. Je reprends mon sujet ; je retourne à nos suaves et délicats emblèmes.

Ces emblèmes étant principalement affectés au doux langage de l'amour, le premier peuple qui a dû en faire usage est le peuple chez lequel l'amour s'est trouvé le plus contraint, et qui, par conséquent, a eu le plus besoin d'avoir recours à des conventions, à des signes, à des allégories, pour exprimer ce qu'il ne pouvait dire. Les Orientaux sont ce peuple. Chez eux, vous le savez, l'amour doit éprouver les gênes, les contrariétés les plus grandes, et c'est de ces contrariétés, de ces gênes qu'est né l'emploi fréquent, pour ne pas dire continuel, de ces emblèmes et de ces muets interprètes. Les deux vers de Lemierre,

pris pour épigraphe de cet essai, di-
sent assez bien la chose, quoique un
peu dans le style toujours dur de leur
auteur ; mais il en est tels autres de
Delille que je ne saurais passer sous si-
lence, tant ils représentent notre objet
avec fraîcheur et vérité: Les fleurs, dit-il,

Les fleurs du doux plaisir sont l'emblême riant
Si j'en crois le récit des peuples d'Orient,
Pour donner un langage à ses douleurs secrètes
Souvent plus d'un captif en fit ses interprètes.
Et peignant par leur teinte ou l'espoir ou l'ennui,
Les fleurs interrogeaient et répondaient pour lui.

C'est trop bien là la description de
ce que les peuples orientaux ont nom-

mé Sélan, ou Sélam, pour que j'aie omis de la rappeler à votre mémoire ; seulement Delille, grand versificateur, mais, avant tout, l'homme aux périphrases, n'a pas nommé la chose par son nom. — *Sélam* désigne tout bouquet, tout groupe de fleurs, et quelquefois même de couleurs, formé dans l'intention d'interpréter un sentiment d'une manière tacite et cachée.

Qu'en passant sous une fenêtre, un jeune musulman ait senti l'amour s'infiltrer dans ses veines à la vue de deux beaux yeux ou d'un frais visage, vite un sélam viendra traduire le trouble qui l'agite ; les fleurs épuiseront leurs combinaisons les plus tendres, formeront les emblèmes les plus touchants, et elles iront ainsi, prolongeant et variant leur langage, jusqu'à ce qu'un regard tombé des beaux yeux ou un sourire répandu sur le frais visage soit venu flatter l'espoir du jeune soupirant. Alors il arrive presque toujours qu'une fleur emblématique brille un beau moment à la fenêtre convoitée ; les difficultés s'exposent, puis l'assentiment arrive, et souvent, en réponse à la *tulipe* du jeune amoureux, on voit la jeune maîtresse tenir à la main et montrer sa tige de *tubéreuse*.

On conçoit qu'il doit y avoir autant de variantes dans ces petites cérémonies qu'il se trouve de positions différentes chez les jeunes gens épris. — Si deux amants sont captifs, mais qu'ils puissent s'apercevoir du lieu de leur captivité, les bouquets ou sélams ne s'en tiendront pas aux seules élégies; ils se renouvelleront et se croiseront avec rapidité... ils iront même jusqu'à comploter une fuite, et ce qu'un sélam amoureux a provoqué, puis accepté, est fréquemment sanctionné par une exécution prompte et hâtive.

Aussi l'on dirait que c'est en remercîment des mille gracieux services qu'ils reçoivent des fleurs, que les Orientaux sont pris pour elles d'un amour si passionné, d'un enthousiasme si ardent. Ces mots vivants de leur vocabulaire d'amour sont cultivés par eux avec un soin que peu de chose pousserait au fanatisme. Ils ont pour elles institué des jours de réjouissances, et il est peu de solennités dans le monde qui puissent surpasser en pompe et en éclat la fête que l'on célèbre à Constantinople sous le nom de *Fête des Tulipes*.

L'endroit seul de sa célébration doit vous donner une idée de sa splendeur; c'est dans les jardins mêmes du sérail qu'elle s'établit, et, la plu-

part du temps, c'est le sultan en per-
sonne qui la préside. Tous les ans, à
l'époque où le printemps recommence,
quand ses douces haleines ont rendu
aux fleurs leur robe fraîche et brillante, le sérail transforme son jardin
en jardin enchanté; il doit être, pour
les privilégiés qui obtiennent la faveur
de le voir et d'y pénétrer, un avant-
goût des délices du paradis de Mahomet. Figurez-vous de vastes gradins
disposés en amphithéâtre et formant
un hémicycle immense; de longs tapis
aux broderies éclatantes les recou-
vrant de toutes parts de leur riche
tissu; sur ces tapis, des quantités in-
nombrables de vases, tous taillés dans

le cristal le plus pur, rangés avec art
et symétrie, et laissant échapper de
leurs parois chacun une tulipe de variété différente. Rien n'est enchanteur
comme ce coup-d'œil. Il faut voir les
Orientaux, charmés de ce spectacle,
contempler dans une idolâtre admi-
ration ces fleurs élégantes, ces reines
de la végétation chez eux ; il faut les
voir tomber presque en extase devant
la courbe gracieuse de leurs tiges, et
surtout devant ces superbes pétales
qui les couronnent comme des pana-
ches et sur lesquels sont répandues
avec la richesse la plus inouïe les
nuances les plus belles de l'or, de
l'argent, du violet, du pourpre et de

mille autres couleurs. Pendant que dure cette religieuse adoration de la fleur par les élus de la fête, il y a une chose qui vient pour ainsi dire la compléter, en répandant un charme au moins aussi puissant, aussi magique, dans les sens de tous les spectateurs : c'est la musique. Des airs délicieux et suaves s'élèvent des bosquets, descendent des arbres, planent dans l'air, arrivent en sons doux et moelleux, en ravissants accords, aux oreilles captivées, et se répandent dans les âmes, auxquelles ils apportent les plus doux sentiments. En même temps des parfums brûlent dans des cassolettes; une légère couche d'eau de rose se répand dans l'atmosphère et tombe en gouttes imperceptibles.... La pluie parfumée est un nouveau signal : pendant que les assistants sont imprégnés de la douce odeur, les portes du harem s'ouvrent... (o Mahomet! les élus du jardin n'ont plus à envier tes houris !) Les odalisques en sortent en foule, belles, jeunes, parées et brillantes, et venant mêler au splendide éclat de cette fête l'éclat plus séduisant encore de leurs parures et de leurs grâces.

Il n'est pas étonnant que le peuple qui rend un pareil culte aux fleurs ait songé à les prendre pour emblèmes et à s'en faire un langage. Mais, comme

je l'ai dit aux premières pages de cette étude, il n'est pas besoin d'une telle vénération pour arriver au même résultat : le seul instinct et le plaisir que procure la vue des fleurs ont dû le faire obtenir à tous les peuples.

Et qu'est-ce, en effet, aujourd'hui que l'on n'a plus à considérer que des débris de croyances, qu'est-ce donc, sinon les restes d'un pareil idiome, que ces mille emblèmes qui subsistent encore chez nous, que ces fleurs données pour souhaiter une fête, que le virginal bouquet mis sur la tête de la jeune mariée, que le chène et le laurier tressés pour récompenses, que le cyprès ombrageant une tombe, qu'une couronne d'immortelles appendue en mémoire d'un ami ou d'un grand homme? Quelles significations auraient toutes ces coutumes si le langage n'avait pas existé? qu'est-ce que toutes ces fleurs viendraient nous dire? — Non, il est bien certain que cette langue admirable a vécu et peut revivre. Il ne faudrait, pour cela, qu'une rénovation dans les origines, qu'une refonte dans les étymologies.

Les fleurs, jusqu'à présent, ont été, au point de vue poétique, les vieilles

enfants de la très vieille mythologie.
Pourquoi, maintenant que nos idées
se sont rajeunies dans les mystères
d'une cosmogonie nouvelle, pourquoi
laisserions-nous en arrière les allégories dont nous avons à nous servir?
Pourquoi serions-nous chrétiens et du
dix-neuvième siècle dans notre poésie,
et laisserions-nous le paganisme ver-
moulu enfanter encore nos fleurs? Si
un esprit de poète voulait se charger
de cette réhabilitation, nul doute que
tous ces Hyacinthe, ces Narcisse et
autres des vieux Grecs et Romains ne
cédassent leur place à des fictions
prises dans nos goûts et dans nos
mœurs, plus propres par conséquent

à nous plaire et à rappeler chez nous le goût de ce langage, léger et futile si vous voulez, mais qui n'en est pas moins agréable que toutes les nombreuses futilités qui nous occupent. — La botanique, entrevue d'une manière si belle et si neuve par Linné, pourrait, par exemple, servir de base à cette moderne mythologie des fleurs, qui trouveraient leur poésie et leurs douces fictions dans nos emblèmes, de même qu'elles trouvent leur science et leur étude profonde dans les leçons des De Jussieu et autres. Toujours une science se laisse voir par un côté amusant: n'a-t-on pas des jeux mathématiques?

Pourquoi, quand l'instinct et l'agrément y viennent naturellement en aide, la botanique n'aurait-elle pas son gracieux langage, son idiome des plaisirs et des peines du cœur, en un mot, son vocabulaire d'amour? Assurément nous ne l'emportons pas sur les Orientaux en poésie ni en imagination, et, dans ce cas, ce sont eux que nous aurions pour modèles ! —

DU LANGAGE DES FLEURS.

II.

APPLICATION.

Le langage des fleurs, à cause de sa nature même, ne peut être ni devenir un langage grammatical ; il est et restera toujours un langage hiéroglyphique. Il ne s'emploiera jamais que comme une série d'emblèmes, liés les uns aux autres par l'intelligence de ceux qui s'en servent, et revêtant par

cette raison, de toutes sortes de formes gracieuses, des pensées souvent
plus gracieuses encore. Aucun des

mots accessoires qui lient entre eux les principaux mots d'une langue ne peut être représenté par des fleurs ; les fleurs ne peuvent même exprimer que des choses de sentiment ou de passion : tout ce qui est purement matériel et insensible n'a pas de traduction dans ce langage, borné aux joyeuses comme aux tristes, aux fortes comme aux douces émotions de l'âme. — Si jamais il a été employé pour rendre des phrases entières, ce n'a été que pour l'amusement de ceux qui le mettaient en usage, et ce n'a pu être qu'en remplissant avec des mots *écrits* les lacunes forcément laissées par les fleurs emblématiques. Aussi croyons-nous que c'est dépasser l'emploi que l'on doit en faire que de vouloir le pousser jusqu'à ce point. Laissons-le dans les bornes, assez étendues et variées du reste, des fraîches *légendes*, des gracieuses *devises*, des délicats *emblèmes*; dans le domaine de tout ce tendre et doux langage du cœur, qui n'a besoin que d'un mot pour s'entendre, que d'une fleur pour sourire, que d'un léger bouquet pour rêver du plus délicieux bonheur. C'est là que ses applications ont de l'à-propos et de la richesse; c'est là que le sens d'un mot ne court pas la chance d'être mal interprété; c'est là que l'imagination trouve sa poésie et le cœur sa pâture;

c'est là, dans cette sphère qui semble d'abord restreinte, que le souriant idiome qui nous occupe prend ses allures souples et précises, ses contractions habiles et pleines de couleur, ses mots qui représentent des phrases entières, et autour desquels viennent se grouper plus d'idées qu'autour des simples mots du vocabulaire.

Tenons-nous-en, pour la preuve de ce que nous venons de dire, aux citations et aux exemples. Je suppose que l'on ait à écrire une phrase, la première venue, celle-ci comme toute autre :

« Simples jeunes filles, la douceur et la bonté sont deux vertus qui font le bonheur de la vie. »

Nous commencerons bien notre travail avec une certaine facilité. Sans même nous inquiéter d'une traduction tout-à-fait littérale, nous allons trouver dans notre VOCABULAIRE EMBLÉMATIQUE les fleurs qui représentent les mots principaux de cette phrase, ou au moins les idées de ces mots. Le *lin* nous traduira *simplicité*, nos *deux boutons de rose* signifieront très bien *jeunes filles*, la *mauve* sera l'interprète de la *douceur*, le *bon Henri* représentera la *bonté*, le *baume* voudra dire *vertu*, l'*armoise* aura le sens de *bonheur*, et enfin la *luzerne* signifiera *vie*. Maintenant faites un groupe de ces fleurs ; vous aurez bien tels et tels mots placés les uns après les autres : mais comment seront-ils liés ensemble ? quel sens auront-ils, en supposant même que l'on devine l'ordre dans lequel vous aurez voulu les dire ? Voici ce que l'on aura :

« Simplicité, jeunes filles, douceur, bonté, vertu, bonheur, vie »

Mais avec cela quel moyen de comprendre ? Il n'y a pas d'accessoires dans les fleurs qui puissent remplacer les *articles*, les *verbes*, les *prépositions*, etc. ; donc, avec votre bouquet de fleurs tout formé, vous n'avez qu'une phrase parfaitement incomplète et ina tile...., si toutefois l'on peut appeler phrase une suite de mots dans laquelle les verbes sont *sous-entendus*. D'ailleurs ne pourrait-on pas faire signifier à ces mots une chose tout-à-fait con-traire? qui empêche de *sous-entendre* une ou plusieurs négations?.... Il faut donc renoncer à *écrire* avec les fleurs; il ne faut qu'*indiquer* ou même *laisser deviner*.

Restreignons-les au rôle que nous leur avons assigné plus haut, et vous verrez que lorsqu'il ne s'agira que d'emblèmes ou de devises, au lieu de trouver des non-sens dans ce langage, nous y découvrirons des intentions extrèmement fines et gracieuses; cette langue deviendra riche, et vous n'aurez que l'embarras du choix dans les allusions et les allégories sans nombre qu'elle vous offrira.

Citons d'abord un exemple des plus connus :

« Le myosotis. »

Quel plus gracieux emblème que la fleur qui dit, par son offrande seule :

« Ne m'oubliez pas. »

— Ou cette autre :

« La germandrée, »

dont la signification est devenue le surnom populaire :

« Plus je te vois, plus je t'aime. »

— Ensuite :

« Le mouron des oiseaux, »

qui signifie :

« Compte sur moi, »

— Puis :

« Le sénevé, »

qui vous dit cette douce chose :

« Ton amitié fait mon bonheur. »

— Puis encore :

« L'héliotrope, »

qui nous fait ce sublime aveu :

« Je t'aime plus que moi même. »

Et une infinité d'autres, qui, au lieu de signifier un seul mot, renferment un sens tout entier.

Que l'on veuille maintenant agrandir un peu la portée de ces légendes, on le peut, en cherchant les fleurs qui s'y prêtent le plus. — Réunissez, par exemple :

« Une rose mousseuse, une vespérine et une épine double. »

vous obtiendrez cette phrase piquante

« Beauté capricieuse, tu me donnes la mort, mais je t'aime malgré ta cruauté. »

il y a un seul *mais* de plus que ce que

les fleurs veulent dire. — Prenez maintenant :

« Un bouton de rose, du réséda et une filipendule, »

vous aurez encore cette phrase toute faite :

« Jeune fille, tes qualités surpassent tes charmes ; point de bonheur sans toi. »

Cette fois nous n'avons pas ajouté une seule lettre au sens des fleurs.

Nous pourrions multiplier ces citations, ces rapprochements ; mais nous en laissons le plaisir à nos gracieuses lectrices : il suffisait de leur donner la clé de la langue. — Nous allons seulement les prier de vouloir bien

faire attention à deux notes instruc-
tives, deux règles qui peuvent leur être
utiles dans l'emploi de notre langage.

La première, c'est que le pluriel se
représente en doublant la fleur.

La seconde, plus compliquée, regarde le pronom personnel *moi, toi,
lui.* — Il faut avant tout qu'un ruban
ou lien quelconque soit attaché à la
tige de la fleur. Alors

Moi se représente par un nœud fait à l'EXTRÉ-
MITÉ SUPÉRIEURE du ruban,
Toi, par un nœud fait au MILIEU.
Lui, par un nœud fait à l'EXTRÉMITÉ D'EN
BAS.

Pour le langage des couleurs on em-

ploie de petits rubans étroits, et les
mêmes nœuds s'y font dans les mêmes
conditions. C'est absolument les *qui-pos* des Péruviens.

Voilà à peu près tous les accessoires
de grammaire que l'on peut introduire
dans le langage des fleurs. Sa meil-
leure syntaxe est la douce sympathie
qui règne entre ceux qui le parlent.

F. Fertiault.

VOCABULAIRE

EMBLÉMATIQUE

VOCABULAIRE

EMBLÉMATIQUE.

FLEURS ET PLANTES.

A.

Absinthe.	Amertume.
Acacia blanc.	Amour platonique.
Acacia rose	Élégance.
Acanthe (*branche ursine*).	Architecture
Ache.	Agonie.

Achillée mille-feuill.	Héroïsme
Adonis (*adonide*).	Souvenir pénible
Alisier.	Éloges
Alleluia.	Allégresse
Aloès.	Botanique
Althæa.	Doux égards
Alysson (*corbeille d'or*).	Guérison
Amandier.	Gaîté vive
Amaranthe.	Immortalité
Amaryllis.	Coquetterie
Ambroisie.	Gastronomie
Amourette des prés.	Amour léger
Ananas.	Perfection
Ancolie.	Folie
Anémone.	Jalousie d'amour
Angélique.	Inspiration
Apocyn gobe-mou- ches.	Piége
Arbousier.	Renommée

Arbre de Judée (*gaînier*).	Égoïsme
Argentine.	Naïveté
Armoise.	Bonheur
Arum maculé.	Ardeur
Asclépiade.	Science médicale
Asphodèle.	Regrets.
Astragale.	Adoucissement
Aubépine.	Espérance.
Azédarac.	Originalité

B.

Baguenaudier.	Frivolité
Balsamine.	Impatience
Balisier.	Cruauté.
Barbe de renard	Ruse.
Bardane.	Prévoyance
Basilic.	Pauvreté.
Baume.	Vertu

Belladone (*belle da-me*).	Charmes trompeurs
Belle de jour.	Infidélité.
Belle de nuit.	Timidité.
Belle de onze heures (*ornithogale*).	Occupation de l'avenir
Belvédère.	Tout est découvert.
Bétoine.	Surprise.
Blé.	Abondance.
Bluet (*barbeau*).	Délicatesse.
Bois - gentil (*lau-réole*).	Désir de plaire
Bon Henri.	Bonté.
Boule de neige.	Age avancé
Bourrache.	Brusquerie.
Bouton d'argent.	Prospérité.
Bouton d'églantier.	Amante.
Bouton d'or.	Amour de l'or
Bouton de rose.	Jeune fille
Brise tremblante.	Légèreté

Bruyère.	Solitude
Buglosse.	Mensonge
Bugrane (*arrête-bœuf*).	Empêchement
Buis.	Stoïcisme
Buisson ardent.	Colère

C.

Caille-lait (*gaillet*).	Changement
Camara piquant.	Rigueur.
Camomille.	Haine.
Campanule.	Reconnaissance.
Capillaire.	Mystère.
Capucine.	Bêtise.
Cèdre.	Résistance.
Centaurée.	Maladie.
Champignon.	Soupçon.
Chardon.	Persiflage.
Charme.	Ornement

Charmille.	Mariage
Chélidoine.	Soins maternels
Chêne.	Force
Cheveux de Vénus.	Parure naturelle
Chèvrefeuille.	Lien d'amour.
Chrysanthème (*fleur dorée*).	Souvenir d'enfance.
Ciguë.	Mort.
Circée.	Sortiléges.
Ciste.	Sans jalousie.
Citronnelle.	Politesse
Citronnier.	Désir de correspondre
Clandestine.	Mystère
Clématite.	Pénétration.
Clochette.	Bavardage
Colchique.	Plus de beaux jours
Convolvulus de nuit.	Crime.
Coquelicot.	Ignorance.
Coquelourde.	Sans prétention
Coqueret.	Erreur

Coriandre. — Mérite modeste

Cormier. — Prudence

Cornouiller. — Durée

Coudrier (*noisetier*). — Réconciliation.

Couronne impériale. — Fierté sans douceur

Crapaudine. — Laideur

Crête de coq. — Vigilance

Croix de Jérusalem (*ou de Malte*). — Dévotion zélée

Cumin. — Ressemblance

Cupidone. — Espièglerie

Cuscute. — Usure

Cyclamen. — Adieu plaisir !

Cyprès. — Deuil

D.

Dianelle (*reine des bois*). — Amour de la chasse

Dictame. — Naissance

Digitale pourprée. Demander justice.
Doronique. Agilité.
Douce-amère. Rapprochement.

E.

Ébénier. Sinistre augure.
Éclair. Artifice.
Églantine. Poésie
Ellébore. Raison recouvrée.
Énothère à grandes
  fleurs. Inconstance.
Éphémérine de Vir-
  ginie. Plaisir fugitif
Épine noire. Difficulté
Épine de rose. Flèche d'amour.
Épine double. Je t'aime malgré ta
Épine-vinette. Aigreur.   {cruauté
Épis. Agriculture.
Épis de blé. Abondance

Érable.   Réserve
Esparcette.   Poltronnerie.
Estragon.   Aménité.

F.

Fenouil.   Déraison momentanée.
Férule.   Punition.
Fenilles mortes.   Dépérissement.
Feuille de rose.   Consentement.
Ficoïde.   Froideur.
Filaria.   Bon caractère.
Filipendule.   Point de bonheur sans
                                              [toi
Fleur du ciel (*tre-*
    melle nostoc).   Sagesse.
Fleur de paon (*poin-*
    cillade).   Vanité.
Fleur de passion
    (*grenadille*).   Foi.

Fleur d'un jour (*hé-mérocale fauve*). Faveur.
Fleur d'oranger. Virginité.
Fougère. Confiance.
Fraisier. Amabilité.
Fraxinelle. Lumière.
Frêne. Soumission.
Fritillaire à damier. Jeu.
Fumeterre. Crainte.
Fusin (*bonnet carré*). Ton image est dans mon cœur.

G.

Galéga. Raison.
Garance. Calomnie.
Gatilier (*agnus cas-tus*). Purification.
Gazon. Soins officieux.
Genêt. Faible esprit.
Genièvre. Hospitalité.

Gentiane jaune.	Ingratitude.
Géranium.	Caprice.
Germandrée (*petit-chêne*).	Plus je te vois plus je t'aime.
Giroflée des murs.	Dévouement.
Glaux.	Fécondité.
Grateron.	Rusticité.
Grenade (*fruit*).	Union.
Grenadier (*fleur*).	Amitié sincère.
Groseillier.	Joie.
Gui.	Parasite.
Guimauve.	Bienfaisance.
Guitarin.	Mélodie.

Hébé.	Soupir... même.
Héliotrope.	Je t'aime plus que m...
Hêtre.	Grandeur.
Hortensia.	Amour constant.

Houblon.	Injustice.
Houx.	Misanthropie.
Hyacinthe (*jacynthe*).	Causer la mort d'un être aimé.
Ibéride de Perse.	Insouciance.
If.	Tristes adieux
Immortelle.	Pour toujours !
Impériale.	Ambition.
Iris.	Message agréable.
Iris-flambe.	Incendie.
Isatis (*guède*).	Je t'aime.
Ivraie.	Mauvaise compagnie
Ixia.	Violation
Jacée.	Sois aimable on t'ai-
Jasmin blanc.	Amabilité [mera

Jasmin d'Espagne.	Volupté
Jasmin jaune.	Première langueur d'a…
Jasmin rouge.	Séparation (Amou…
Jonc.	Docilité
Jonquille.	Désir
Joubarbe.	Soif de renommée
Julienne.	Fausseté
Jusquiame.	Défauts

K

Ketmie des jardins.	Persuasion

L

Larmes de Job.	Confidence
Laurier-amandier.	Perfidie
Laurier d'Espagne.	Courage
Laurier franc.	Gloire
Laurier rose.	Beauté et bonté

Lavande.	Ferveur.
Lierre.	Vif attachement.
Lilas.	Première émotion d'a-
Lilas blanc.	Abandon [mour
Lin.	Simplicité.
Lis.	Majesté.
Lis jaune.	Orgueil.
Liseron des haies.	Obstination.
Lotus (*lotos*).	Éloquence.
Luzerne.	Vie.

Mandragore.	Disette.
Marguerite (*Reine-*).	Variété.
Marguerite blanche.	Destin.
Marguerite double.	Réciprocité.
Marjolaine.	Jeux des champs.
Marronnier.	Bravoure.
Marronnier d'Inde.	Luxe.

Matricaire.	Réunion.
Mauve.	Douceur
Mélèze.	Audace
Ménianthe.	Tranquillité
Menthe.	Ardeur jalouse.
Mercuriale.	Bon penchant.
Mignardise.	Enfantillage
Millepertuis.	Fausseté.
Miroir de Vénus.	Louanges flatteuses
Momordique piquante.	Critique.
Mouron.	Rendez-vous
Mouron des oiseaux.	Compte sur moi
Mousse.	Amour maternel.
Mufle de veau.	Grossièreté
Muguet.	Fatuité.
Mûrier blanc.	Opulence
Myosotis.	Souviens-toi de moi
Myrthe.	Amour

Myrthe sous des feuilles.	Amour timide
Myrtille.	Trahison.

Narcisse.	Amour de soi
Néflier.	Persévérance
Nerprun (*Bourg-épine*).	Peinture
Nez coupé (*staphy-lier*).	Espoir déçu
Nivéole de prin-temps.	Premier regard d'amour.
Noyer.	Confidence

OEillet blanc.	Sentiments purs
— de Chine.	Aversion

OEillet jaune.	Mépris
— panaché.	Refus
— de poète.	Talent
— de la régence.	Petit maître
— rouge.	Énergie
Olivier.	Paix
Ophrys (*double feuil-le*).	Rapprochement
Ophrise-homme.	Supplice
— -araignée.	Adresse
— -mouche.	Importunité
Oranger.	Séduction
Oreille d'ours (*pri-mevère auricule*).	Guet-apens
Orme (*ormeau*).	Viens me voir
Ortie.	Cruauté
Osier.	Franchise
Osmonde.	Rêverie

Palme.	Victoire
Paquerette (*petite marguerite*).	Age heureux
Pariétaire.	Gloriole.
Parnassie (*fleur du Parnasse*).	Génie
Patience.	Patience
Pavot.	Sommeil
Pêcher.	Aveu timide
Pensée.	Je songe à toi
Perce-neige (*galan-tine*).	Consolation
Pervenche.	Premier amour
Persil.	Festin
Peuplier.	Élégance
Phlox.	Heureux qui te plaira
Pied d'alouette (*dau-phinelle*).	Amour du changement

Pimprenelle.	Aime-moi.
Pin.	Hardiesse.
Pissenlit (*dent de lion*).	Oracle.
Pivoine.	Brillant.
Plantain.	Duperie.
Platane.	Protection.
Pois de senteur (*gesse odorante*).	Plaisirs délicats.
Pomme d'amour.	Discorde.
Pomme (*fruit*).	Désobéissance.
Pommier.	Brouillerie.
Pourpier.	Mercenarité.
Primevère.	Premiers désirs.
Prunier.	Tiens ta parole.
Pyramidale.	Constance.

Q.

Quibey (*lobélie longiflore*).	Hypocrisie.

R.

Raquette.	Exercice.
Renoncule.	Tu es belle sans qualités
— double.	Impuissance.
— scélérate.	Corruption.
Réséda.	Tes qualités surpassent tes charmes.
Romarin.	Bonne foi.
Ronces.	Stérilité.
Rose du Bengale.	Aveux complets
— blanche.	Innocence.
— bl. desséchée.	Vœu de chasteté.
— en bouton.	Cœur fermé à l'amour.

Rose	capucine.	Éclat
—	à cent feuilles.	Grâce
—	épanouie.	Beauté
—	incarnate.	Santé
—	de jardin.	Tendresse
—	jaune.	Coquette infidèle
—	de mai.	Grâces précoces
—	mousseuse.	Tu fais mes délices
—	musquée.	Beauté capricieuse
—	pompon.	Gentillesse
—	des 4 saisons	Les grâces sont de tous
—	rouge.	Rébellion. [les âges
—	sous d. feuill.	Charmes voilés
—	trémière (*pas-serose*).	Progéniture.
—	sans épines.	Ne plus résister
Roseau fleuri.		Courtisanerie.
—	sec plumeux.	Indiscrétion.
Roseaux.		Musique
Rue sauvage.		J'irai partout avec toi.

S.

Safran.	Modération
Sainfoin oscillant.	Mouvement
Salicaire.	Prétention
Sapin.	Fortune
Sardoine.	Moquerie
Sauge.	Je t'estime
Saule.	Forte vieillesse
— pleureur.	Mélancolie.
Scabieuse.	Sensibilité malheureuse.
Sceau de Salomon.	Secret gardé
Seneçon.	Humeur calme.
Sénevé.	Ton amitié fait mon bonheur
Sensitive.	Sensibilité extrême
Seringa (*syringa*).	Amour fraternel
Serpentaire.	Envie
Serpolet.	Étourderie

Sistre.   Sûreté
Souci.   Inquiétude
Staticée.   Séjour
Stramoine (*datura*).   Artifice
Sureau.   Bienfait
Sycomore.   Je voudrais ton cœur

T

Tamier.   Faiblesse
Tête de dragon.   Ne t'y fie pas
Thlaspi.   Assurance
Thuya (*arbre de vie*).   Vieillesse
Thym.   Activité
Tilleul.   Amour conjugal
Toque.   Sympathie
Tournesol (*héliante
  à grandes feuilles*). Opinion changeante
Trèfle,   Humilité
Troêne.   Guerre

Tubéreuse.	Volupté
Tulipe.	Déclaration d'amour
Tussilage odorant.	Justice rendue.

U.

Ulmaire (*reine des prés*).	Autorité

V

Valériane rouge.	Facilité.
Verge d'or.	Sage réprimande
Véronique.	Analogie.
Verveine.	Enchantement
Veuve (*scabieuse noire pourpre*).	Veuvage
Vigne.	Ivresse
Violette.	Modestie

— blanche.   Candeur.
— double.   Amitié réciproque.
Vespérine.   Tu me donnes la mort.
Violier (*giroflée des jardins*).   Beauté durable.

X.

Ximenèse.   Attente.

Y

Yappé (*queue de biche*).   Nuisance.

Z

Zinnia.   Précaution.

Fleurs réunies.

Bouquet de feuilles vertes.	Espérance.
Bouquet de lierre et d'immortelle.	Amitié pour la vie.
Bouquet de mauve et de souci.	Douces peines.
Bouquet de myrthe et d'immortelle.	Amour pour la vie.
Bouquet de myrthe et de souci.	Hymen.
Bouquet de pavot et de souci.	Inquiétudes calmées.
Bouquet de roses ouvertes.	Philanthropie.
Couronne de roses.	Anacréontisme.
Couronne de roses blanches.	Fille vertueuse.
Guirlande de fleurs.	Chaine d'amour.

Guirlande de feuill. Chaîne d'amitié.

Guirlande de dicta- | me, de roses, de | Chaîne de la vie.
soucis et de cyprès. |

Rose unie au lis. Fraîcheur.

—   au pavot. Amour passé.

Rosier entouré de | Il y a tout à gagner
gazon. | avec la bonne
| compagnie.

Souci uni au cy- | Désespoir.
près. |

Rose unie au cy- | Mort de la per-
près. | sonne aimée.

EMBLÈMES

DONT ON S'EST SERVI

pour désigner les heures du jour.

La première heure.	*La rose.*
La deuxième.	*L'héliotrope.*
La troisième.	*La rose blanche.*
La quatrième.	*La hyacinthe.*
La cinquième.	*Le citron.*
La sixième.	*Le lotus.*
La septième.	*Le lupin.*
La huitième.	*L'orange.*
La neuvième.	*L'olivier.*
La dixième.	*Le peuplier.*
La onzième.	*Le souci.*
La douzième.	*La pensée.*

Emblèmes des couleurs.

Amarante.	*Gloire.*
Blanc.	*Innocence.*
Bleu.	*Science.*
Brun.	*Mélancolie.*
Cramoisi.	*Piété.*
Écarlate.	*Pénétration.*
Fauve.	*Défiance.*
Gris.	*Simplicité.*
Incarnat.	*Santé.*
Indigo.	*Ascétisme.*
Jaune pâle.	*Infidélité.*
Jaune vif.	*Richesse.*
Lilas.	*Tendre désir.*
Noir.	*Deuil.*
Orange.	*Éclat tempéré.*

Pensée.	*Souvenir.*
Pourpre.	*Grandeur suprême.*
Rose.	*Amour.*
Rouge.	*Ardeur.*
Vert.	*Espérance.*
Violet.	*Amitié.*

Couleurs désignant les éléments

Écarlate.	*Le feu.*
Blanc.	*L'eau.*
Bleu.	*L'air.*
Noir.	*La terre.*

Couleurs désignant les saisons.

Vert.   *Le printemps.*
Pourpre.   *L'été.*
Jaune.   *L'automne.*
Gris.   *L'hiver.*

— ❦ —

Réunion des couleurs.

Amaranthe uni au bleu.
            Mérite éclatant.
Amaranthe uni au rose.
            Amour noble.
Amaranthe uni au jaune vif.
            Gloire mercenaire.

Blanc uni au bleu.

Sagesse.

Blanc uni au gris.

Misère.

Blanc uni à l'incarnat.

Élévation.

Blanc uni au jaune pâle.

Penchant impérieux.

Blanc uni au jaune vif.

Suffisance.

Blanc uni au noir.

Persévérance.

Blanc uni au pourpre.

Bonnes grâces.

Blanc uni au rouge.

Courage.

Blanc uni au vert.

Vertu.

Blanc uni au violet.

Droiture.

Bleu uni au fauve.
Patience.
Bleu uni au gris.
Instabilité.
Bleu uni à l'incarnat.
Intelligence.
Bleu uni au noir.
Hypocrisie.
Bleu uni au rouge.
Fidélité.
Bleu uni au violet.
Modération.
Brun uni à la pensée.
Triste souvenir.
Brun uni au rose.
Amour sentimental.
Cramoisi uni au gris.
Piété modeste.
Cramoisi uni au lilas.
Désir du ciel.

Écarlate uni au pourpre.
> *Science de gouverner.*

Écarlate uni au vert.
> *Précautions bien prises.*

Fauve uni au rouge.
> *Faiblesse.*

Fauve uni au rose.
> *Soupçons jaloux.*

Fauve uni au vert.
> *Dissimulation.*

Gris uni au fauve.
> *Incertitude.*

Gris uni au rose.
> *Amour pour la vie.*

Incarnat uni au fauve.
> *Bonheur incomplet.*

Incarnat uni au lilas.
> *Désir de vivre.*

Incarnat uni au violet.
> *Adulation.*

Indigo uni au brun.
>*Macération.*

Indigo uni au lilas.
>*Élan d'amour divin.*

Jaune pâle uni au cramoisi.
>*Tartuferie.*

Jaune pâle uni au rose.
>*Amour trahi.*

Jaune vif uni au bleu.
>*Jouissance.*

Jaune vif uni au gris.
>*Envie.*

Jaune vif uni à l'incarnat.
>*Parfait bonheur.*

Jaune vif uni au noir.
>*Satiété.*

Jaune vif uni au vert.
>*Libéralité.*

Jaune vif uni au violet.
>*Rémunération.*

Lilas uni au bleu.

Soif d'apprendre.

Lilas uni au rose.

Besoin d'aimer.

Noir uni au fauve.

Maladie.

Noir uni au gris.

Convalescence.

Noir uni à l'incarnat.

Austérité.

Noir uni au violet.

Fourberie.

Orangé uni au bleu.

Science aimable.

Orangé uni au violet.

Douce intimité.

Pensée uni au blanc.

Réminiscence du jeune

Pensée uni au rouge.   [*âge.*

Souvenir vivace.

Pourpre uni au jaune vif.
>*Bonheur suprême.*

Pourpre uni au noir.
>*Grandeur déchue.*

Rose uni au blanc.
>*Fraîcheur.*

Rose uni au bleu.
>*Beaux-arts.*

Rose uni au jaune pâle.
>*Attachement de peu de*

Rose uni au jaune vif.   [*durée*
>*Intérieur agréable.*

Rose uni au noir.
>*Mourir d'amour.*

Rose uni au violet.
>*Urbanité.*

Rouge uni au gris.
>*Ambition.*

Rouge uni au jaune pâle.
>*Jalousie.*

Rouge uni au jaune vif.

> *Désir de l'or.*

Rouge uni au noir.

> *Humeur maussade.*

Rouge uni au pourpre.

> *Force.*

Rouge uni au vert.

> *Audace.*

Rouge uni au violet.

> *Amitié dévouée.*

Vert uni au bleu.

> *Gaîté.*

Vert uni au gris.

> *Regrets.*

Vert uni à l'incarnat.

> *Doux espoir.*

Vert uni au noir.

> *Espérance déçue.*

Violet uni au fauve.

> *Dangers.*

Violet uni au gris.
Confiance.
Violet uni à l'incarnat.
Attachement durable.
Violet uni au vert.
Réserve.

HORLOGE DE FLORE

HORLOGE DE FLORE.

Après avoir donné mois par mois
la floraison des plantes les plus re-
marquables , et en avoir fait une
espèce de *calendrier*, il doit être op
portun et curieux de compléter ces
indications par d'autres remarques,
dont le résultat est plein d'analogie

avec les premières... : les fleurs vont nous fournir une *horloge*. — Non-seulement l'on a observé que chaque année la même saison, le même mois ramenait l'épanouissement de la même fleur, mais encore que la même heure du jour ou de la nuit voyait régulièrement, dans chaque saison respective, les mêmes fleurs s'ouvrir et se fermer, ou, comme le dit plus poétiquement le grand roi de la botanique, se lever et se coucher. — Linné (puisque nous venons de le nommer, et que l'horloge que nous allons reproduire est de lui) Linné avait remarqué que plusieurs fleurs s'ouvrent à des heures différentes de la journée ; que d'autres attendent la nuit pour s'épanouir ; que chez certaines la floraison n'a que douze heures de durée environ, tandis que le plus grand nombre des autres passe un certain temps en s'ouvrant, se fermant et se rouvrant à des heures fixes et invariables, quelle que soit, du reste, la déclinaison des jours. De ces dernières, Linné fit une catégorie, à laquelle il donna le nom de *fleurs équinoxiales*. Bientôt il eut à constater chez certaines autres fleurs une autre propriété ; il en est qui, si le rayon de soleil qui les caresse vient à être intercepté par un nuage, se ferment aussitôt, et qui, dès que le nuage dissipé laisse reparaître le bienfaisant rayon, se rouvrent et s'épanouissent. Celles-là, à cause de leur sensibilité aux variations de l'atmosphère, Linné les appela *fleurs météoriques*. D'autres enfin vinrent encore étendre le cercle de ses observations, différant des deux autres genres en ce qu'elles règlent les heures de leur lever et de leur sommeil sur l'accroissement et la diminution des jours, impressionnables qu'elles sont à la présence ou à l'absence de la lumière. Linné désigna ces dernières sous le nom de *fleurs tropiques*. — Puis, en résumant toutes ces remarques, et surtout en réfléchissant aux diverses heures auxquelles les fleurs différentes ont accoutumé de s'épanouir, Linné, toujours poétique dans sa science, eut l'idée (chose exacte et curieuse tout à la fois) de substituer aux indications de l'aiguille le moment de l'ouverture des corolles; il trouva dans la nature un immense cadran où chaque fleur vient indiquer son heure..... Il fit son *horloge de Flore*.

C'est le tableau qu'il a lui-même tracé que nous donnons dans les pages suivantes. Seulement il est à remarquer, d'après Adanson, que comme Linné a fait ce tableau à Upsal, par 60 degrés de latitude boréale, celui que l'on pourrait faire pour le climat de Paris différerait du premier d'environ une heure. — Jusqu'à présent, la plupart de ceux qui ont reproduit cette *horloge* en ont religieusement conservé les noms latins : c'est sans doute très bien pour la science ; mais pour les charmantes lectrices auxquelles ce petit livre est destiné, les *hieriacium fruticosum*, les *tragopogon columnæ*, les *mesembryanthemum napolitanum*, etc., etc., eussent eu assurément fort peu de charmes et d'attraits. Nous avons donc hasardé de dépouiller le savant de sa robe scientifique, et de l'exposer tout simplement dans notre langage ordinaire, revêtu d'une humble mais fidèle traduction.

HORLOGE DE FLORE.

HEURES DE LEUR LEVER.		NOMS DES PLANTES ET FLEURS.	HEURES DE LEUR COUCHER.	
matin	soir.		matin	soir
3 à 5		Salsifis jaune.	9 à 10	
4 à 5		Chicorée blanchâtre.	10	
4 à 5		Crépide des toits.	10 à 12	
4 à 5		Pissenlit taraxacoïde.		3
4 à 5		Grande picride.	12	2
4 à 6		Scorsonère d'Afrique.	10	
5		Hémérocale fauve.		7 à 8
5		Pavot à tige nue.		7
5		Laiteron lisse.	11 à 12	
5 à 6		Liseron droit.		7 à 8
5 à 6		Crépide des Alpes.	11	
5 à 6		Lampsane glutineuse.	10	
5 à 6		Lampsane rhagadiole.	10	1
5 à 6		Pissenlit dent de lion.	8 à 9	
5 à 6		Salsifis à colonnes.	11	
6		Épervière frutiqueuse.		5
6		Porcelle des prés.		4 à 5
6 à 7		Crépide rouge.		1 à 2

HEURES DE LEUR LEVER.		NOMS DES PLANTES ET FLEURS.	HEURES DE LEUR COUCHER.	
matin.	soir.		matin.	soir.
6 à 7		Épervière des murailles.		2
6 à 7		Épervière rouge.		3 à 4
6 à 7		Laiteron de Belgique.		2
6 à 7		Laiteron rampant.	10 à 12	
6 à 8		Alysse alyssoïde.		4
7		Anthéric blanc.		3 à 4
7		Souci pluvial.		3 à 4
7		Épervière à larges feuilles.		1 à 2
7		Laitue cultivée.	10	
7		Pissenlit à feuilles de chondrilles.		3
7		Nénuphar blanc.		5
7		Laitron de Laponie.	12	
7 à 8		Porcelle hispide.		2
7 à 8		Lampsane rhagadioloïde.		2
7 à 8		Ficoïde barbue.		2 à 3
8 à 8		Ficoïde linguiforme.		3

HEURES DE LEUR LEVER.		NOMS DES PLANTES ET FLEURS.	HEURES DE LEUR COUCHER.	
matin.	soir.		matin.	soir.
8		Mouron rouge.		3
8		OEillet prolifère.		1
8		Epervière piloselle.		2
9		Souci des champs.	12	
9		Epervière chondril- loïde.		1
9 à 10		Sabline pourpre.		2 à 3
9 à 10		Mauve rose.		1
9 à 10		Ficoïde crysaline.		3 à 4
10 à 11		Ficoïde de Naples.		3
	5	Belle de nuit - faux jalap	9 à 10	
	6	Géranium triste.	10 à 11	
	9 à 10	Siléné fleur de nuit.	7 à 8	
	9 à 10	Cactier à grandes fleurs.		12

Un grand nombre de naturalistes,
frappés de ces variations si régulières

dans l'épanouissement des fleurs, ont mis leurs plus grands soins à en rechercher la cause, qu'hélas ils n'ont pu découvrir! Quelques expériences avec des résultats à peu près analogues, mais un nombre considérable d'autres avec des résultats tout-à-fait dissemblables, et par conséquent peu propres à faire progresser la science, voilà tout ce qu'ils ont pu obtenir!

— Mystères insondables, on vous rencontre à chaque pas dans la nature, et le savoir le plus profond n'est bien souvent qu'une profonde ignorance en face de vous! Homme, regarde plus haut que toi, et adore pour les choses que tu ne peux comprendre.

BOTANIQUE

EN MINIATURE

ET

PHYSIOLOGIE DU VÉGÉTAL.

SOMMAIRE.

Botanique. — Graine. — Embryon de la plante. — Sémination. — Germination. — Tunique propre. — Cotylédons. — Radicule. — Racine. — Plumule. — Feuilles séminales. — Plantule. — Herbe. — Port. — Arbuste. — Arbrisseau. — Arbre. — Tronc. — Rameaux. — Épiderme. Écorce. — Livret. — Aubier. — Bois. — Moelle. — Vaisseaux. — Sève. — Maladie des plantes. — Tumeurs. — Multiplication artificielle. — Greffe. — Boutures. — Écussons. — Boutons. — Bourgeons. — Feuilles. — Pétiole. — Foliation. — Effeuillaison. — Parenchyme. — Sommet. — Côtés. — Surfaces supérieure, inférieure. — Stipules. — Bractées. — Vrille, etc. — Pores. — Transpiration. — Floraison. — Fleur complète, incomplète. — Nectaire. — Calice. — Corolle. — Pétales. — Fructification. — Fécondation. — Pistils. — Style. — Stigmate. — Étamines. — Filet. — Anthère. — Sexes. — Hermaphrodites. — Unisexuelles. — Effloraison. Pédoncule. — Fruit. — Péricarpe. — Placenta. — Reproduction. — Age. — Dépérissement. — Mort. — Nombre des plantes connues. — Etc.

BOTANIQUE EN MINIATURE

ou

PHYSIOLOGIE DU VÉGÉTAL.

—⁂—

La science a fait trois catégories distinctes dans les productions de la nature, qu'elle a divisées en trois *règnes* : le *règne minéral*, qui comprend les *minéraux* ; le *règne végétal*, qui comprend les *végétaux* ; le *règne animal*, qui comprend les *animaux*. On a donné à l'étude du règne végétal le nom de *botanique*; cette étude est divisée elle-même en plusieurs branches : nous allons en effleurer rapidement les principes et le langage.

On nomme VÉGÉTAL tout ce qui provient d'une graine, se développe et vit, et se perpétue au moyen de graines semblables ou de caïeux et de boutures. Le végétal ne tient pas le point milieu entre le minéral et l'animal; il est beaucoup plus près de ce dernier, auquel il ressemble par la naissance, la vie, l'accroissement, la reproduction et la mort; mais il est privé de sentiment, et tout signe de volonté chez lui n'est que purement mécanique.

Si vous voulez me permettre d'appeler une GRAINE un œuf végétal, nous allons partir de cette comparaison pour suivre la plante dans toutes les différentes phases de son développement, depuis le premier instant de son existence jusqu'au dernier.

Toute graine (ou semence) renferme en elle L'EMBRYON d'une plante semblable à celle qui l'a produite. Comme toutes les autres parties des plantes, elle a sa forme extérieure et son organisation interne, la première rarement caractérisée, mais par la seconde servant aujourd'hui de base à la science.

La première opération nécessaire pour que la graine devienne plante, c'est sa SÉMINATION, et rien ne mérite plus d'être observé que le spectacle offert par la graine qui vient d'être semée. En peu de temps elle se gonfle, augmente son volume, déchire sa *tunique propre*, et livre passage à la *plantule* à travers ses lobes ou *cotyledons* écartés : cet état est celui de GERMINATION. — Son premier degré est d'ordinaire annoncé par l'apparition de la *radicule*, espèce de petit bec qui se tourne vers la terre, et produit en tous sens des fibrilles qui formeront les ramifications ou le *chevelu* de la RACINE, dont, quel que soit l'accroissement de la plante, la radicule est toujours le pivot

Aussitôt la radicule développée, paraît la *plumule*, nourrie par les lobes, ces mamelles de la jeune plante, jusqu'à ce que les racines puissent lui transmettre quelques sucs ; la plumule s'élève bientôt, quittant ses cotylédons ou ne les gardant que sous forme de *feuilles séminales*. La plantule alors allonge ses lames, dont l'épaississement grandit tous les jours le diamètre, et l'on commence à voir la forme et l'allure qui distingueront plus tard la plante.

Qu'une HERBE maintenant, herbe à tiges et à branches, doive naître de la graine que nous examinons, vous la verrez bientôt prendre sa direction, son *port*, mais sa tige n'aura point de boutons aux aisselles de ses feuilles, elle périra chaque année ou ne vivra au plus que trois ans. — Que cette graine ait à produire un ARBUSTE ou un *sous-arbrisseau*, la plumule deviendra tige à consistance ligneuse, sans plus de boutons aux aisselles de ses feuilles que dans l'herbe, mais d'une durée plus longue, résistant aux hivers, et donnant presque toujours fleurs et fruits tous les ans. — Qu'elle doive devenir ARBRISSEAU, la

plumule se divisera à sa base en rameaux de dimension à peu près égale,
de consistance ligneuse, portant des
boutons comme les arbres, mais s'é-
levant beaucoup moins qu'eux. —
Que la jeune plante enfin ait à devenir un ARBRE, elle s'élèvera d'un seul
jet à une certaine hauteur. L'espace
compris entre sa racine et ses rameaux s'appellera *tronc*, et les rameaux, suivant leur grosseur, s'appel-
leront *branches du premier, du second,
du troisième et du quatrième ordre.*

L'organisation interne du tronc pré-
sente d'abord *l'écorce*, recouverte de
sa mince *épiderme*; sous l'écorce le *livret*. Tous les ans les lames déliées et

coniques du livret s'unissent aux dernières couches concentriques de l'*aubier*, bois imparfait, mais que le temps durcira d'autant plus que ses couches seront plus rapprochées , et dont la nature finira par devenir parfaitement ligneuse. Le centre du bois est traversé par un petit canal rempli de la substance appelée *moëlle*. Les couches concentriques du bois sont formées d'une multitude de fibres, de vaisseaux de tous genres, dans lesquels l'air et la *sève*, ces deux fluides véhicules de tous les autres, les charrient et les déposent, attendus qu'ils sont par le végétal qui va s'en accroître et s'en entretenir.

Quelques *tumeurs*, parfois, paraissent au dehors des arbres, provenant de l'extravasation ou de l'épanchement des liqueurs végétales : de là des plantes languissantes ou monstrueuses, souvent même détruites par la mort prochaine qui termine ces *maladies*.

Jusqu'ici nous avons prêté notre examen à la construction végétale ; nous avons vu la plante de semence devenir arbre, et nous avouons que ce spectacle nous a grandement étonnés ; mais ce que nous n'avons pas vu, et qui nous étonnera bien autrement encore, c'est que les dernières ramifications d'une tige, mises en

terre, ou insérées entre l'écorce et l'aubier d'un autre arbre vivant, peuvent
devenir autant de plantes, et des plantes aussi parfaites que celle qui leur a
donné naissance. On appelle ces phénomènes journaliers et cependant inex-
plicables de multiplication, la *greffe*
et les *boutures*. Le moyen des *écussons* nous a appris aussi que, dans
chacun des BOUTONS espacés sur un
rameau, se trouve renfermée une
plante avec tous ses organes, un végétal parfait. Ces boutons, destinés à
abriter pendant l'hiver les parties dé-
licates qu'ils renferment, ne contien-
nent pas tous des rameaux : Des uns
ne viendront que des feuilles, des

autres que des fleurs ; mais il en est desquels viendront, la même année, et feuilles, et fleurs, et bois. Le *bouton mixte*, le bouton à bois et à fleurs, va être l'objet de nos observations, pour suivre dans leurs divers et successifs développements feuilles, fleurs, fruits, et autres parties du végétal.

Le bouton mixte se gonfle aux approches du printemps, ses écailles s'écartent, et livrent passage aux parties renfermées : cette nouvelle pousse est nommée *bourgeon*. — A peine est-il développé que déjà, d'espace en espace, des FEUILLES s'y montrent, tenues chacune sur une queue nom-

mée *pétiole*. Entre le rameau et chaque pétiole se voit déjà un bouton semblable, germe mis en réserve pour
l'année d'ensuite.

L'instant où les feuilles commencent à paraître se nomme FOLIATION.
Elles prennent leur forme et leur direction, et restent aux branches jusqu'aux atteintes de l'hiver; alors, si
elles ne sont pas *vivaces*, elles tombent et couvrent la terre, qui les reprend tout entières et en fait son bien,
en compensation de ce qu'elle leur
avait donné ; cette chûte s'appelle
EFFEUILLAISON.

Les nervures des feuilles sont dues
à l'épanouissement du pétiole, ainsi

que ces subtiles ramifications dont
une substance pulpeuse , nommée *parenchyme*, remplit les intervalles. Le
bord de la feuille est désigné sous le
nom de *sommet* à la partie opposée au
pétiole , et sous celui de *côtés* aux
parties latérales. On distingue les
deux *surfaces* de la feuille, d'ordinaire
aplatie : *supérieure* et *inférieure*.

Le pétiole est parfois accompagné
de deux petites feuilles, qu'on nomme
stipules, et qui diffèrent tout-à-fait
de la forme des autres. Rencontrées à
la base d'une fleur ou sur un *pédoncule* (queue), elles prennent le nom
de *bractées*. On trouve encore aux
côtés du pétiole un produit filamen-

teux et contourné, nommé *vrille*, ou des rugosités, des poils, des glandes, etc.

Les feuilles sont si utiles, si nécessaires au végétal, qu'il languit et meurt lorsqu'il en est privé. Le microscope nous fait voir leur épiderme percée d'une myriade de trous, *pores* imperceptibles, et destinés, les uns à pomper l'air et l'eau dont a besoin la fluidité de la sève, les autres à la double *transpiration* de la plante.

Le dernier développement de la feuille est presque toujours le signal de l'apparition des fleurs, qu'on nomme FLORAISON. — C'est de la fleur, de son organisation, de sa structure, de ses fonctions que nous allons faire maintenant l'objet de nos études.

Quatre parties principales constituent la FLEUR : le calice, la corolle, les étamines, les pistils. On appelle fleur *complète* celle qui possède ces quatre parties ; *incomplète* celle à qui il en manque une seule. — Dans une fleur complète, à parties simples, les pistils sont au centre, les étamines les entourent, la corolle vient ensuite, puis le calice. Certains produits minces et colorés se trouvent quelquefois entre la corolle et les étamines ; ils ne ressemblent à aucune des autres parties de la plante, et s'appellent *nectaires*.

Le CALICE est l'enveloppe extérieure, presque toujours verte, et qui semble une production de l'écorce du végétal. La COROLLE est l'enveloppe colorée, formée d'une ou de plusieurs pièces nommées *pétales;* c'est elle qui est le véritable ornement de la plante On l'attribue à une extension du livret. — Quelques botanistes, peu d'accord sur les noms, ont confondu la corolle, le nectaire et le calice. Ces confusions n'aident guères à la science!

L'ouverture de la corolle a lieu lorsque les organes de la *fructification* (les étamines et les pistils), touchent au moment où doit s'opérer la FÉCONDATION. On rencontre habituellement à la base du pistil, une petite boule ou protubérance nommée *ovaire*, qui renferme les rudiments ou embryons des semences, lesquels y sont fécondés par le *pollen* (poussière séminale) des étamines. Cette poussière reçue par la partie supérieure du pistil, qu'on appelle *stigmate*, lui est indispensable au point que si l'on met obstacle d'une manière quelconque à a réunion des organes, en empêchant soit l'émission de cette poussière, soit son épanchement sur le stigmate, toutes les graines sont frappées de stérilité

L'ovaire est le support des PISTILS, qui sont composés du *style* et du stigmale. — Les ÉTAMINES se trouvent insérées sur la corolle, le calice, le germe ou le placenta; elles se composent du *filet* et de *l'anthère*. — Le nombre des pistils et des étamines varie presque à chaque espèce de fleurs.

La plus grande partie des fleurs sont douées des deux SEXES (*hermaphrodites*), c'est-à-dire qu'elles possèdent étamines (*organes mâles*) et pistils (*organes femelles*). Celles qui n'ont que des étamines sont appelées *unisexuelles mâles*; celles qui n'ont que des pistils ont le nom d'*unisexuelles femelles*.

Peu de temps après la fécondation des fleurs, a lieu l'EFFLORAISON. Les pétales tombent du pédoncule, l'ovaire grossit, et acquiert parfois à lui seul une surface plus étendue que celle de la plante à laquelle il tient : c'est là le FRUIT, le fruit qui renferme les semences de la plante. On y distingue le *placenta*, le *péricarpe*, la *graine*.

La graine ! la semence ! nous voilà de retour au point d'où nous sommes partis ! nous voilà revenus aux premiers éléments de la végétation ! Nous avons parcouru, d'une manière concise il est vrai, toutes les phases, ou pour mieux dire, tous les phénomènes successifs par lesquels passe le végétal.... de graine nous l'avons vu redevenir graine : voilà sa carrière, sa

mission remplie ; voilà le but du Créa-
teur atteint par la créature : la reproduction, la continuation de l'espèce !

C'est dans ce même but du Créa-
teur, que la nature semble favoriser
par tous les moyens possibles la sémination naturelle des graines. Chaque
plante d'abord en produit un nombre
infiniment plus considérable que celui
nécessaire à la reproduction, attendu
que la sagesse d'en haut a calculé sur
ce qu'il en faudrait pour la nourriture
de l'homme, la pâture des animaux,
sur ce que les vents égareraient dans
des terrains infertiles, sur ce qui serait
étouffé, foulé aux pieds, submergé, etc.;
puis, pour opérer la compensation,

vingt circonstances différentes se réunissent pour disséminer dans les lieux propices les graines qui restent appelées à devenir fécondes : dans leurs migrations les oiseaux les emportent sur leurs plumes, l'homme les propage suivant ses besoins ou ses plaisirs, les torrents les font descendre des montagnes dans les plaines, les mers les portent à de lointains rivages, les vents mêmes les transportent sur les lieux les plus élevés..... l'équilibre se trouve donc parfaitement, justement entretenu entre le dépérissement des végétaux et leur reproduction.

Lorsque l'herbe a donné une ou deux fois ses graines, son AGE est avancé;

nous l'avons dit, sa durée n'excède jamais trois ans. L'arbre au contraire vit presque toujours un grand nombre d'années, quelques-uns mêmes passent des siècles, et presque tous donnent annuellement des fleurs et des fruits, jusqu'à ce que, les sucs n'étant plus en proportion avec les solides, la réparation soit moindre que la déperdition, et que l'arbre, languissant comme l'herbe, se dessèche, et arrive au DÉPÉRISSEMENT et à la MORT.

Bien s'en faut qu'il soit possible d'apprécier au juste la quantité des plantes qui couvrent notre terre; on a évalué à plus de 20,000 le *nombre des espèces connues*, et chaque jour fait voir à l'homme qu'il a des espèces nouvelles à ajouter à ces premières ! — Peut-il nous être donné d'atteindre le point culminant d'une science ?..... je ne sais si les siècles futurs se chargeront de répondre ; quant à nous, pour bien des choses, nous ne faisons guères que commencer !

F. F.

Prime accordée gratis aux deux premiers souscripteurs au

FEUILLETON DE PARIS

Journal de Littérature amusante.

PRIX DE L'ABONNEMENT :

avec les douze Gravures seulement

	PARIS.	DEPARTEMENTS.	ÉTRANGER.
Six mois,	2 fr. 25 c.	5 fr.	5 fr. 75
Un an,	4 50	6	7 50

avec les douze Gravures, la Mode, les Broderies,
séries, et la Caricature :

	PARIS.	DEPARTEMENTS.	ÉTRANGER.
Six mois,	4 fr. 25 c.	5 fr. 25 c.	
Un an,	8 50	10 50	

LES ABONNEMENTS PARTENT DU 15 NOV.

Avis. — Les deux mille premières personnes qui
s'abonneront directement au bureau, pour un an, au Journal
avec les douze gravures seulement, recevront en prime,
avec le numéro, un des deux ouvrages suivants, à savoir :
Le Langage des fleurs, illust.; 1 v. Par François
Les Mystères du destin, illust.; 1 v. Par Cranit
Les personnes qui s'abonneront pour un an
avec les douze gravures, plus les modes, broderies, et la caricature, recevront, en prime au premier numéro, les deux volumes ci-dessus.
— Ces deux petits ouvrages, du prix de 2 fr. chaque, im-
primés avec luxe, sur très-beau papier, glacé, et leur
format permet de les mettre dans la poche, dans un
même dans sa bourse. — C'est une véritable

Imp. d'ALEXANDRE BOULY, r. du Faub.-Montm.